監修╱**細谷亮太**

1948年出生於日本山形縣。東北大學醫學院畢業後，就職於聖路加國際醫院小兒科。1977至1980年間於美國德州大學安德森癌症中心擔任臨床研究員，之後回到聖路加國際醫院，歷經小兒科主任、副院長等職務。除了是名活躍的詩人，也撰寫散文並監修許多書籍，曾監修《0-3歲育兒大寶典》（人類文化）、「我的第一套生命科學繪本（全套3冊）」（親子天下）等書。

翻譯╱**卓文怡**

曾在日本大阪攻讀日中口筆譯。擅長實用書籍、繪本童書等各領域之翻譯。譯有《出發吧！人體探險隊：揭開身體消化道、泌尿系統、骨骼肌肉、心臟血管……不可思議的祕密》、「準備上學嘍！（全套5冊）」和《日本腦科學權威久保田競專為幼兒設計有效鍛鍊大腦益智遊戲100題》等作品（以上皆由小熊出版）。

審訂╱**劉宗瑀（小劉醫師）**

長庚大學醫學系畢業，現任高雄阮綜合醫院外科主治醫師。與國小同學蜜蜂先生結婚後，成為兩個女兒和一隻狗狗的媽。網路上人稱「小劉醫師」，在一手拿手術刀、止血鉗與繃帶剪的外科手術日常裡，另一手則抓緊時間空檔，書寫發生在她周遭職場的諸多不公不義，以及身為母職在家庭育兒之間的各種酸甜苦辣。公視熱門醫療電視劇《村裡來了個暴走女外科》同名原著作者。

＼ 打開耳朵，探索人體的構造和運作機制 ／

怦怦！怦怦！
聽聽身體的祕密

監修／細谷亮太　　翻譯／卓文怡　　審訂／劉宗瑀（小劉醫師）

 **骨頭**

在我們身體裡有超過200根以上的骨頭。除了支撐身體之外，骨頭還有保護「內臟」、製造血液、儲存鈣質等功能。

最小的骨頭
耳朵中的「鐙骨」最小，只有約3公厘。

胸骨

肱骨

橈骨

尺骨

肩胛骨

鎖骨

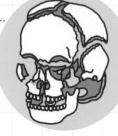

頭蓋骨
像拼圖一樣，由23塊骨頭拼湊而成。

肋骨
長得像鳥籠，保護著心臟和肺。

脊椎

手部骨頭

關節

骨頭與骨頭間的連接處，讓肢體可以彎曲和轉動。不同的部位，運動的方式也不同。

如大腿、肩膀的連接處等部位，骨頭可以自由旋轉。

手肘、膝蓋、指頭等部位，骨頭彎曲的方向是固定的。

手腕、腳踝等部位，骨頭能朝前後左右轉動。

骨盆

股骨
最粗、最長、最大的骨頭。

膝蓋骨

脛骨

腓骨

腳部骨頭

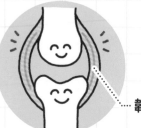

韌帶

骨頭是靠「韌帶」結合在一起。

脊椎的構造

脊椎就是背部正中央筆直的骨頭。從側面看，是由33根短骨頭所組合而成的S曲線。

脊髓

有一條被稱為「脊髓」的神經束位於脊椎之中。

這個地方在很久以前是人類的尾巴！喵——

尾骨
脊椎最下方有一塊「尾骨」。

骨頭的構造

骨頭內部有著像海綿一樣的洞，構造輕又堅固。

哇！好多洞呀！

骨髓

血液的工廠

骨頭的正中央有著骨髓，這是一種海綿般的組織，負責製造血液。

骨頭的數量

嬰兒大約有300根骨頭。在成長過程中，骨頭會逐漸結合，長大成人後，只剩大約206根骨頭。

鈣質的倉庫

鈣質是非常重要的營養成分，除了讓肌肉伸縮，還要協助神經傳遞資訊。鈣質平常儲存在骨頭中，需要的時候可以取出來使用。

小鈣子

肌 肉

身體是靠肌肉的伸縮來動作。肌肉以「肌腱」連結骨頭，支撐身體。

臉部肌肉

臉部有43塊左右的肌肉，進食時可以控制下巴開合，並做出微笑等表情。

肌肉的種類

肌肉分為兩種，一種是像我們的手腳，可以靠意志使其伸縮的肌肉；另一種是像心臟和腸胃，無須思考就會自主動作的肌肉。

三角肌

肱二頭肌

胸大肌

腹直肌

斜方肌

肱三頭肌

背闊肌
分布最廣的肌肉。

股四頭肌

臀大肌
最重的肌肉。

大腿後肌

脛前肌

比目魚肌

腓腸肌

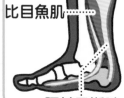

從側邊看腳時

腓腸肌

比目魚肌

阿基里斯腱

4

身體動作的機制

手臂彎曲時，肱二頭肌與肱三頭肌會進行伸縮，讓手臂運動。

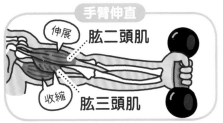

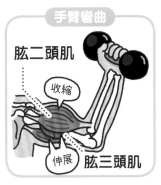

肱二頭肌隆起來了！

肌肉的結構

肌肉是由大小約 0.01～0.1公厘的細線狀細胞集合而成。

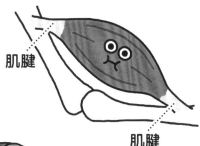

肌肉的兩側有白色的筋，與骨頭連結在一起。這個筋稱為「肌腱」。最粗的肌腱就是靠近腳跟的阿基里斯腱。

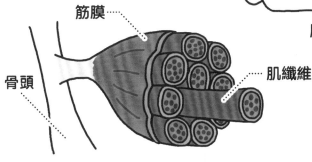

為什麼會肌肉痠痛？

激烈運動過後，有時身體會感覺疼痛，這種情況稱為「肌肉痠痛」，成因之一為肌肉纖維上出現了小傷口。

肌肉纖維上出現傷口。

傷口慢慢復原。

肌肉的纖維變粗。

白色肌肉與紅色肌肉

肌肉由兩種肌纖維混合組成。一種是白色肌肉，可以迅速收縮；另一種是紅色肌肉，收縮速度緩慢，但可以長時間動作。

鮪魚需要長時間游泳，所以是紅色肌肉。

比目魚平常待在原地不動，只有逃跑時需要迅速逃離，所以是白色肌肉。

多運動，肌肉會變得很結實喲！

多攝取水分和養分，身體經過充分休息後就會恢復。

腸胃和肝臟

人類從嘴巴進食，食物會通過腸胃（胃、小腸、大腸），進行分解（消化）。小腸則會吸收食物消化後所產生的養分，將之轉變為能量。

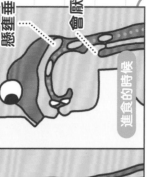

喉嚨的構造

為了避免吞嚥的時候，食物跑進鼻子或氣管中，懸雍垂和會厭會合起來。

懸雍垂

會厭

呼吸的時候

進食的時候

拿聽診器聽一聽！

把聽診器放在喉嚨上，聽聽看喝水時會發出什麼樣的聲音呢？

沒有食物時，縮得小小的。

食物進去後，就會膨脹開來。

舌頭

唾液腺　分泌唾液。

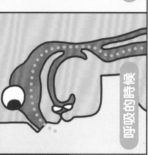

❶ 嘴巴　食物透過「牙齒」咀嚼，與唾液（口水）混合在一起後，就會變得比較容易吞嚥。

❷ 食道　把食物送至「胃」。食物於吞嚥後，經過大約5秒會抵達胃部。

❸ 胃　分泌「胃液」，把食物溶解成黏稠狀，並進行分解。

食物變成糞便需要多長的時間？

吞嚥之後	大約4小時後	大約6小時後	大約24小時後

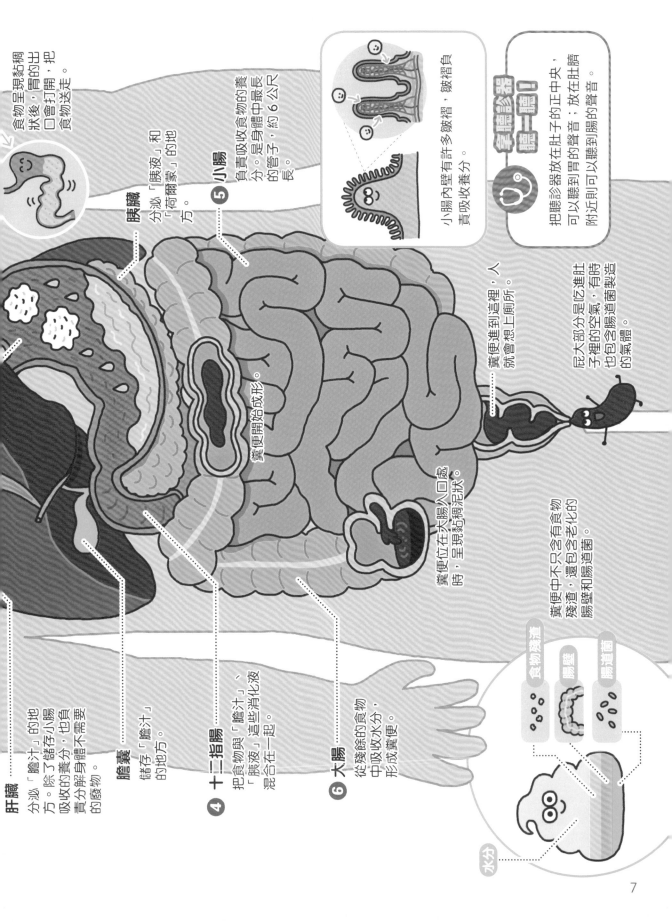

食物呈現黏稠狀後，胃的出口會打開，把食物送走。

胰臟 — 分泌「胰液」和「荷爾蒙」的地方。

❺ 小腸 — 負責吸收食物的養分。是身體中最長的管子，約6公尺長。

小腸內壁有許多皺摺，皺摺負責吸收養分。

掌聽診器 聽一聽! — 把聽診器放在肚子的正中央，可以聽到胃的聲音；放在肚臍附近則可以聽到腸的聲音。

糞便開始成形。

肝臟 — 分泌「膽汁」的地方。除了諸存吸收的養分，也負責分解身體不需要的廢物。

膽囊 — 諸存「膽汁」的地方。

❹ 十二指腸 — 把食物與「膽汁」、「胰液」這些消化液混合在一起。

❻ 大腸 — 從殘餘的食物中吸收水分，形成糞便。

糞便位在大腸入口處時，呈現黏稠泥狀。

糞便進到這裡，人就會想上廁所。

屁大部分是吃進肚子裡的空氣，有時也包含腸道菌製造的氣體。

糞便中不只含有食物殘渣，還包含老化的腸壁和腸道菌。

食物殘渣　腸壁　腸道菌

水分

7

腎臟和膀胱

為了去除身體裡的廢物，腎臟會把血液中不要的東西變成尿液排出。
尿液會先送到膀胱，再排出體外。

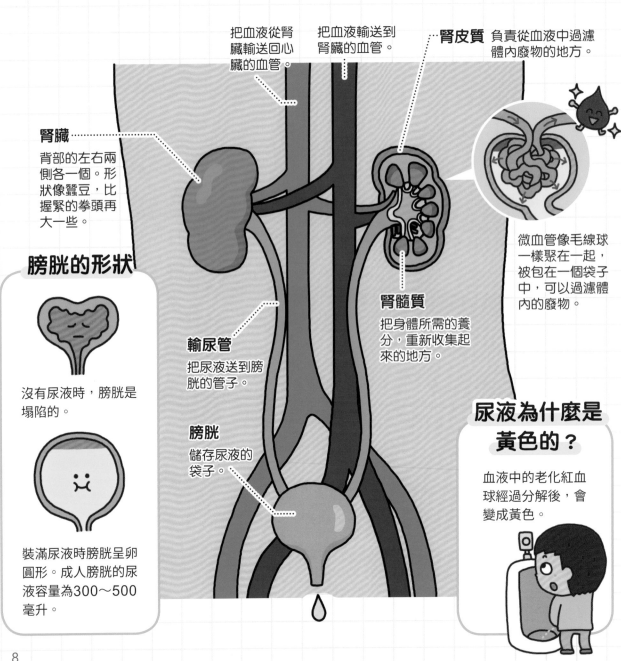

把血液從腎臟輸送回心臟的血管。

把血液輸送到腎臟的血管。

腎皮質 負責從血液中過濾體內廢物的地方。

腎臟
背部的左右兩側各一個。形狀像蠶豆，比握緊的拳頭再大一些。

微血管像毛線球一樣聚在一起，被包在一個袋子中，可以過濾體內的廢物。

膀胱的形狀

沒有尿液時，膀胱是塌陷的。

輸尿管
把尿液送到膀胱的管子。

腎髓質
把身體所需的養分，重新收集起來的地方。

膀胱
儲存尿液的袋子。

裝滿尿液時膀胱呈卵圓形。成人膀胱的尿液容量為300～500毫升。

尿液為什麼是黃色的？

血液中的老化紅血球經過分解後，會變成黃色。

嘴巴

用牙齒咀嚼食物，並以舌頭品嘗味道的地方。

牙齒

表面覆蓋著琺瑯質，是身體中最硬的部位。

成人的牙齒（恆齒）

成人約有32顆牙齒。

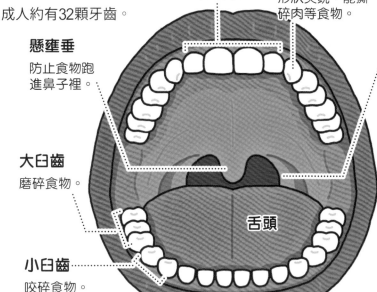

門齒 咬斷食物。

犬齒 形狀尖銳，能撕碎肉等食物。

懸壅垂 防止食物跑進鼻子裡。

大臼齒 磨碎食物。

小臼齒 咬碎食物。

舌頭

兒童的牙齒（乳齒）

剛出生時沒有牙齒，到了2歲左右會長齊20顆乳齒。

扁桃腺 打敗從喉嚨跑進來的病毒和細菌，保護身體。

換牙的機制

人類一生只會換一次牙齒。當恆齒的牙根長出來後，乳齒的牙根會收縮而鬆動，接著長出恆齒。

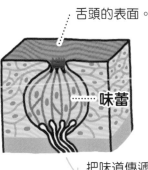

舌頭

舌頭除了品嘗味道，還有把唾液和食物混合在一起的功能；此外，說話時也會用到舌頭。

舌頭如何品嘗味道？

舌頭表面一顆顆的凸起處具有被稱為「味蕾」的感覺器官，負責把味覺傳遞至腦部。味蕾可以感覺到甜味、鹹味、苦味、酸味和鮮味。

甜味　鹹味　苦味　酸味　鮮味

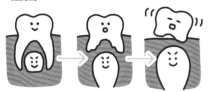

舌頭的表面。

味蕾

把味道傳遞至腦部。

感覺系統

人類對於外在世界，是靠眼睛、耳朵和鼻子來感受。

眼睛

眼睛是用來辨識顏色、觀看物品的部位。

水晶體
眼睛的鏡片。

睫狀體
調節水晶體形狀的地方。

角膜
採光的地方。

瞳孔
光線進來的地方。

虹膜
調整光線量的地方。

視網膜 映照出看見的物品。

視神經
把畫面傳遞至腦部。

看遠的時候　看近的時候

變薄　變厚

改變水晶體的形狀，調整焦距。

明亮的時候　黑暗的時候

周遭明亮的時候瞳孔會縮小，黑暗時瞳孔則會放大。

虹膜　瞳孔

不一樣的眼睛顏色

眼睛的顏色與虹膜中的「黑色素」有關，色素多眼睛就會呈現黑色或咖啡色；色素少就能看見虹膜的顏色，如藍色、灰色等顏色。

為什麼會流眼淚？

感到悲傷時會流淚，是因為腦部神經受到刺激，讓淚腺分泌淚液。

淚腺
分泌淚液的地方。

鼻淚管
連接鼻子的管子。

哭泣時會流鼻水，是因為眼淚流到鼻淚管，再從鼻子的深處流出來。

耳朵

耳朵是聆聽聲音和感受身體平衡的部位。

轉圈後突然停下來，會馬上感到頭暈目眩，是因為三半規管中的淋巴液還在流動，讓大腦誤以為身體「仍在轉動」的關係。

好暈啊……

耳朵如何聽聲音？

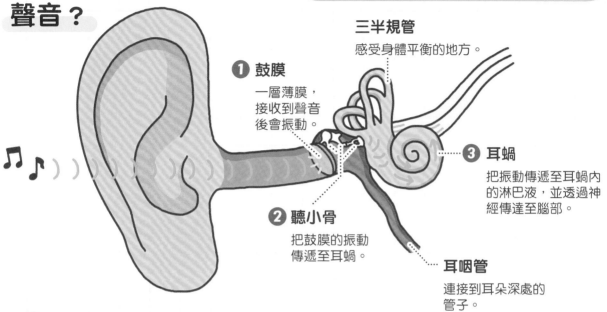

三半規管
感受身體平衡的地方。

❶ 鼓膜
一層薄膜，接收到聲音後會振動。

❸ 耳蝸
把振動傳遞至耳蝸內的淋巴液，並透過神經傳達至腦部。

❷ 聽小骨
把鼓膜的振動傳遞至耳蝸。

耳咽管
連接到耳朵深處的管子。

鼻子

鼻子是呼吸空氣、感受氣味的部位。

鼻子如何聞味道？

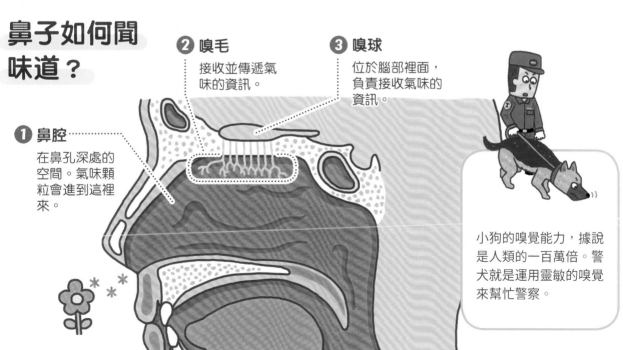

❷ 嗅毛
接收並傳遞氣味的資訊。

❸ 嗅球
位於腦部裡面，負責接收氣味的資訊。

❶ 鼻腔
在鼻孔深處的空間。氣味顆粒會進到這裡來。

小狗的嗅覺能力，據說是人類的一百萬倍。警犬就是運用靈敏的嗅覺來幫忙警察。

腦部和神經

身體的感受會透過神經傳遞至腦部。腦部負責
思考、記憶、對身體下達指令等。

腦部的結構

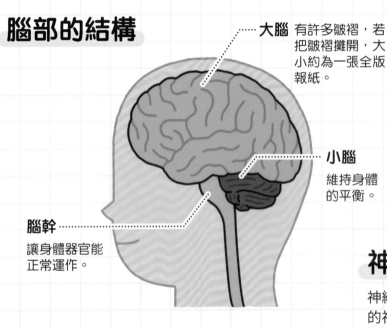

大腦 有許多皺褶，若
把皺褶攤開，大
小約為一張全版
報紙。

小腦
維持身體
的平衡。

腦幹
讓身體器官能
正常運作。

右腦與左腦

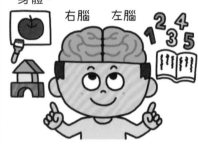

大腦分成左右兩半，右腦控制
左半邊身體，左腦控制右半邊
身體。

右腦　　左腦

右腦擅長理解空間和圖像，左
腦則擅長理解文字和語言。

神經的結構

神經細胞能把刺激傳遞給隔壁
的神經細胞，不斷重複運作，
就能傳遞訊號。

細胞體
發出訊號
的地方。

突觸
接收、傳遞訊
號的地方。

感受的機制

布滿全身的神經會把感覺
轉換成訊號，並透過一條
條神經傳遞至腦部。

❸ 脊髓再將之傳遞至
腦部，產生「觸摸
到了」的感覺。

❶ 皮膚會發
出訊號。

❷ 訊號傳遞
至脊髓。

碰觸熱的物品時，脊髓神
經會在訊號傳到腦部前搶
先發布命令，讓肌肉及時
退開。這就是「反射」，
能保護身體遠離危險。

大腦的運作

大腦的各個部位，都有自己負責的工作。

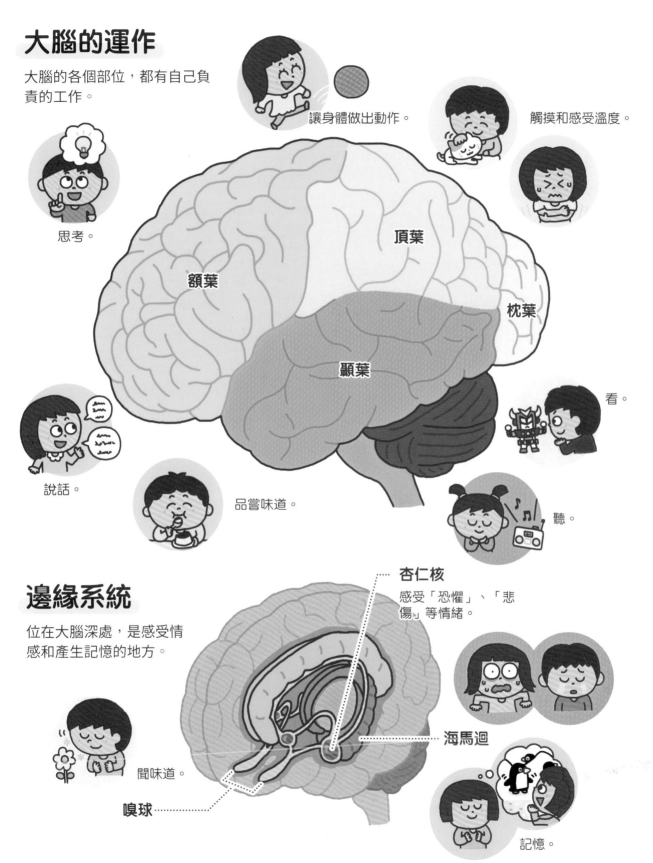

思考。

讓身體做出動作。

觸摸和感受溫度。

額葉

頂葉

枕葉

顳葉

說話。

品嘗味道。

看。

聽。

邊緣系統

位在大腦深處，是感受情感和產生記憶的地方。

杏仁核

感受「恐懼」、「悲傷」等情緒。

海馬迴

聞味道。

嗅球

記憶。

心臟和血液

心臟約一個拳頭大，位在胸口正中間偏左的位置，它會不眠不休的運作，把血液送往身體各部位。血液則負責運送氧氣和養分，並帶走廢物。

拿聽診器聽一聽！

把聽診器放在胸口的正中間偏左，聽一聽心臟的聲音吧！

怦怦的聲音，就是瓣膜開關的聲音喲！

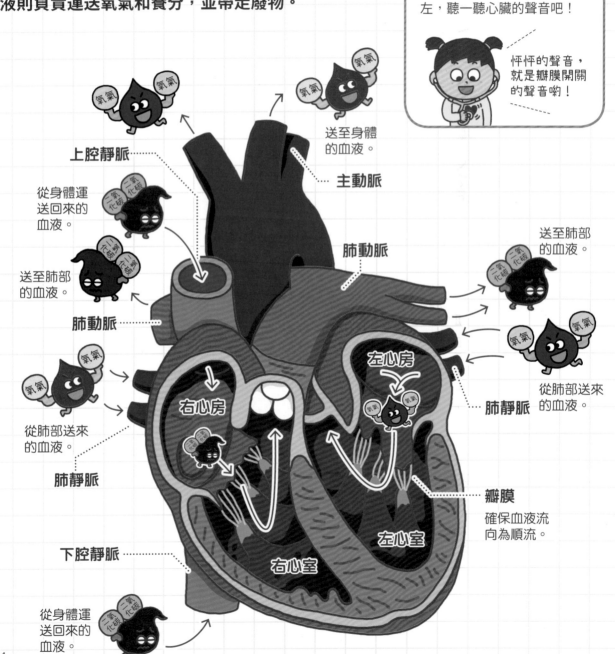

上腔靜脈

從身體運送回來的血液。

送至肺部的血液。

肺動脈

氧氣

送至身體的血液。

主動脈

肺動脈

送至肺部的血液。

右心房

左心房

從肺部送來的血液。

肺靜脈

從肺部送來的血液。

肺靜脈

瓣膜
確保血液流向為順流。

下腔靜脈

右心室

左心室

從身體運送回來的血液。

心臟每分鐘跳動幾次？

人類的心臟每分鐘約跳動60〜70次。依照生物大小，跳動的次數也不同，老鼠約300次，大象約30次。

60~70次

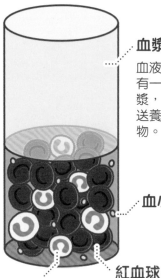

300次

30次

布滿身體的血管

心臟送出的血液，會透過血管流至身體各處。

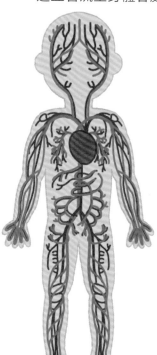

血液透過血管，大約1分鐘左右就能循環全身一圈哦！

動脈

流著從心臟出來的血液，管壁既厚又結實。

靜脈

流著要回到心臟的血液，裡頭具有瓣膜。

微血管

非常細，以網狀遍布全身。

血液的結構

血漿
血液的成分有一半是血漿，負責運送養分和廢物。

血小板

紅血球

白血球

血液之所以呈紅色，就是因為紅血球。

白血球

打敗進入體內的病毒和細菌。

紅血球

將氧氣運送至身體各處的紅色細胞。

氧氣 氧氣 氧氣

血小板

血管受傷時，負責凝固血液，填補空洞。

蝦蛄和烏賊的血液是藍色的喲！

15

肺部和呼吸系統

人類呼吸空氣中的氧氣，形成身體所需的能量，再把不要的「二氧化碳」排出體外。

呼吸與聲音

我們呼吸時，聲帶的「聲門」會打開；而當聲門關上時，空氣會與聲帶摩擦，發出聲音。

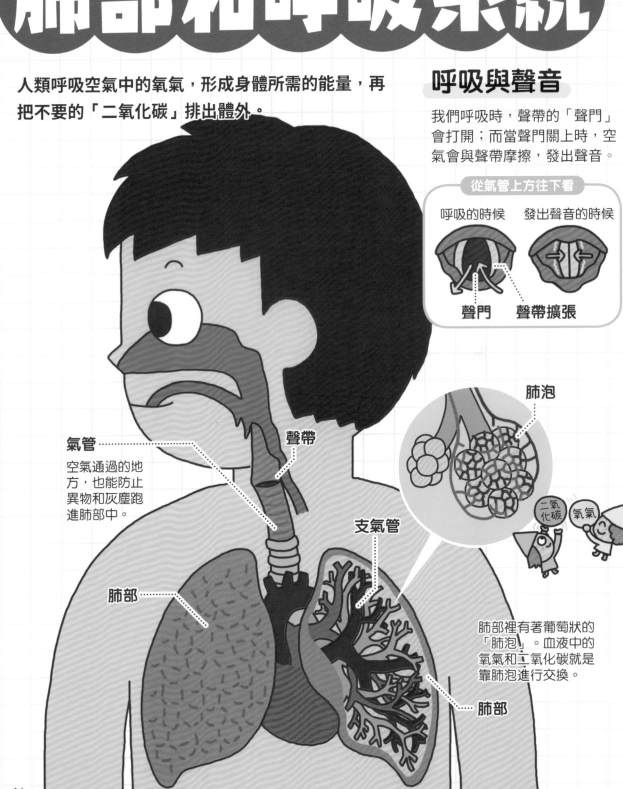

從氣管上方往下看

呼吸的時候　　發出聲音的時候

聲門　　聲帶擴張

肺泡

氣管
空氣通過的地方，也能防止異物和灰塵跑進肺部中。

聲帶

支氣管

肺部裡有著葡萄狀的「肺泡」。血液中的氧氣和二氧化碳就是靠肺泡進行交換。

二氧化碳　氧氣

肺部

肺部

我們是怎麼呼吸的？

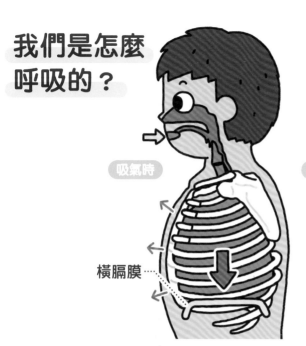

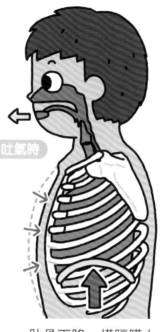

打嗝是因為橫膈膜出現痙攣性收縮而引起的。

吸氣時

吐氣時

橫膈膜

肋骨上升，橫膈膜下降，肺部就會充滿空氣。

肋骨下降，橫膈膜上升，肺部就會收縮，排出空氣。

打噴嚏與咳嗽

當身體想要把灰塵或異物趕出體外時，就會打噴嚏或咳嗽。
鼻子的黏膜受到刺激時會打噴嚏，氣管受到刺激時則會咳嗽。

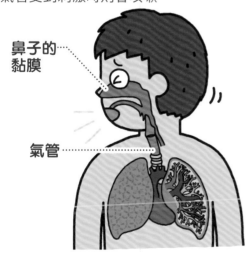

鼻子的黏膜

氣管

感冒時，鼻子的黏膜和氣管會變得很敏感，令人不禁打噴嚏和咳嗽。

即使睡著了……

腦部和心臟一樣，即使我們睡著了，仍會對身體發出命令，讓我們得以持續呼吸。

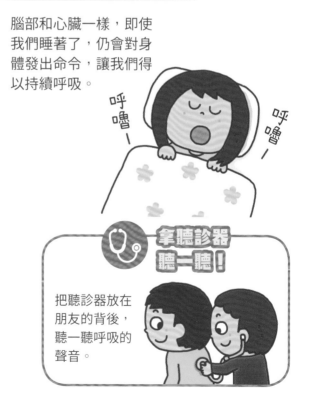

拿聽診器聽一聽！

把聽診器放在朋友的背後，聽一聽呼吸的聲音。

17

出生和成長

生命的誕生

人類是在媽媽的「子宮」裡長大，大約40週後出生。

5週左右

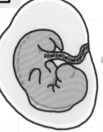

大小約3公厘，具有類似鰓和尾巴的構造。比起人類，更像一條魚。

10週左右

手腳出現指頭，臉部也逐漸浮現輪廓。

24週左右

嬰兒變得好動，會開始踢媽媽的肚子。

嬰兒在肚子裡時，不是用肺部呼吸，而是從臍帶獲得養分和氧氣。

> 臍帶脫落後就會變成肚臍喲！

臍帶

嬰兒的耳朵逐漸可以聽到聲音，除了媽媽的心跳聲，連肚子外面的聲音也能聽見。

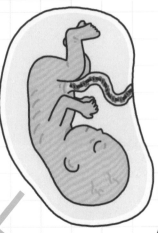

37週左右

子宮

頭朝下，準備出生，並開始長出頭髮和指甲。完全就是嬰兒的模樣了。

成長

嬰兒出生後，肌肉和骨骼會不斷成長，身體逐漸變大，直到變成成人為止。

身體的成長

腦部發出命令，使「腦下垂體」分泌「生長激素」，生長激素則會刺激肝臟製造能使骨骼和肌肉變大的「體介素C」。當體介素C傳送至骨骼和肌肉，身體就會長大。

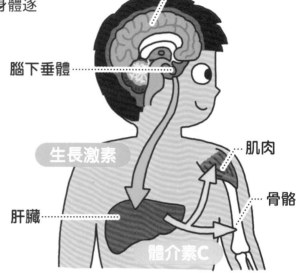

腦部

腦下垂體

生長激素

肌肉

骨骼

肝臟

體介素C

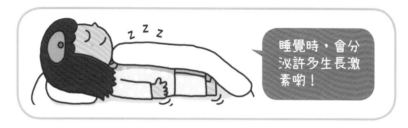

睡覺時，會分泌許多生長激素喲！

骨骼變大的機制

比較兒童和成人的骨骼，會發現兒童的骨骼有具彈性的軟骨「生長板」。

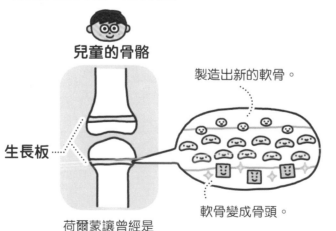

兒童的骨骼

生長板

製造出新的軟骨。

軟骨變成骨頭。

荷爾蒙讓曾經是軟骨的地方變成骨頭，並伸長。

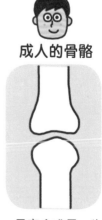

成人的骨骼

一旦完全成長，生長板就會消失。

受傷和生病

身體中有許多細胞負責打敗使我們生病的細菌，讓身體保持健康。

傷口流血了！

一旦出現傷口，血管就會破裂流血。

當細菌跑進傷口中，白血球會聚在一起，對抗細菌並吃掉它們。

血小板填補血管上的傷口，使其不再流血。

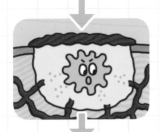

傷口會結痂，痂底下將製造出新的血管和皮膚。

痂脫落後，傷口就會復原！

骨折了！

骨頭斷裂處裡的血管會破裂，導致骨頭壞死。

造骨細胞會跑來修補骨頭斷裂處。

骨頭斷裂處修復後，會比原本的骨頭稍大一些。

蝕骨細胞會跑來，把多餘的骨頭破壞掉，使其恢復原狀。

蛀牙了！

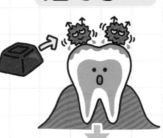

吃完甜食後，轉糖鏈球菌會產生酸性物質。

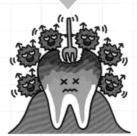

酸性物質會腐蝕牙齒的表面，形成蛀牙。

發燒了！

當病毒附著在細胞中進行繁殖，白血球會對腦部發出警訊。

腦部就會下令讓身體發燒。

體溫升高能削弱病毒，並使白血球變強。

拉肚子！

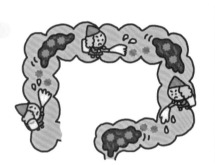

為了趕快把壞東西排出體外，大腸會分泌許多水分，讓糞便變軟變稀。

過敏

身體為了把某些特定的食物或花粉等排出體外，會引起過敏反應。

身體只對抗壞東西。

身體自己攻擊自己。

預防接種

為了避免生重病，需要注射疫苗。

注射疫苗會把變弱的病毒或是病毒的殘骸帶進身體裡。

太好了！這樣就完美了！

細胞會記住哪些武器可以打敗病毒。

未來當相同的病毒跑進身體時，就可以立即發動攻擊。

拿聽診器聽一聽！

使用聽診器，聽一聽身體的聲音吧！聽診器放置的位置不同，能聽見的聲音會不一樣哦！

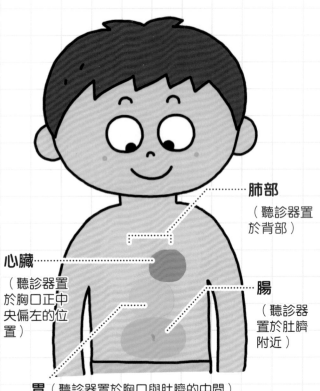

肺部
（聽診器置於背部）

心臟
（聽診器置於胸口正中央偏左的位置）

腸
（聽診器置於肚臍附近）

胃（聽診器置於胸口與肚臍的中間）

注意

✕ 請勿敲打集音盤或讓集音盤受到撞擊。　**集音盤**

✕ 不要拿來聽電視等會發出巨大聲響的東西。

✕ 不要在危險的物品上使用。

心臟的聲音

把聽診器放在胸口正中央偏左的位置時，會聽見「怦怦」的聲音。這是心臟瓣膜開關的聲音喲！

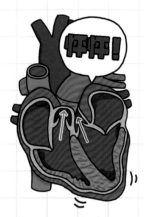

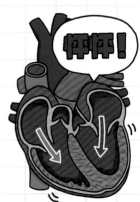

肺部的聲音

把聽診器放在兄弟姐妹或朋友的背部時，會聽見「咻──」的聲音。這是空氣進出肺部的聲音。

也聽一聽空氣通過喉嚨時的聲音吧！另外，當喉嚨發出小聲音時，從聽診器中聽起來又是什麼感覺呢？

※請勿對著聽診器大吼大叫。

胃與腸的聲音

把聽診器放在胸口與肚臍的中間，會聽見胃裡空氣與食物混合所發出的「咕啾咕啾」聲。肚子餓的時候，容易發出「咕嚕咕嚕」的聲音，是因為胃正準備接收食物。

把聽診器放在肚臍附近時，會聽見腸中的食物與消化後的氣體混合所發出的「咕嚕嚕」聲。

使用聽診器來聽聽家中物品的聲音，會聽見什麼樣的聲音呢？

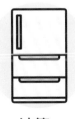

冰箱

時鐘

碳酸飲料

電腦

※聲音經聽診器傳導後音量會變大，請家長事先確認物品發出的聲音，透過聽診器不會使孩子不適，再讓孩子傾聽。孩子使用聽診器時，請家長務必全程陪同使用。

好看好玩又好學的
趣味身體知識繪本

文／劉宗瑀（小劉醫師）

　　這是一本插圖精緻、資訊豐富的身體知識繪本。

　　除了用可愛卡通畫風，呈現身體的運作與器官奧妙之外，本書也融入許多能幫助親子更認識身體的小專欄，像是透過伸直與彎曲手臂，感受肌肉的運動；以及穿插在書中各處的「拿聽診器聽一聽！」實驗，在大人陪同下，孩子可以透過專欄的指引和隨書搭配的聽診器玩具，聽到心臟、腸胃等器官有趣的聲音啦！

　　本書按照系統介紹身體，內容深入淺出，並回答孩子在生活中能觀察到且經常感到疑惑的問題，如：「尿液為什麼是黃色的？」、「為何肚子會發出咕嚕咕嚕聲？」、「把手放上胸口時，會怦怦跳動的是什麼？」

　　除了孩子獲得新知，家長也能從本書學到重要的衛教觀念，像是「發燒的重要性」。當家長了解發燒其實是一種保護機制，明白「生病時身體有這樣的反應是必要的」，未來孩子生病時，就不至於對體溫計的數字變動感到太焦慮了。

　　家長會因不明白發燒背後的機制而焦慮，孩子生病時，也會因為不知道醫師在做什麼，而害怕看醫生。但當孩子拿起聽診器玩具，化身成「小小醫師」為家人「看病」時，或許就能多少體會到醫師動作背後的理由，進一步減少未來看醫生的恐懼呢！

　　現在，就請家長和孩子一起拿起聽診器，邊看邊玩邊學習吧！

國家圖書館出版品預行編目(CIP)資料

怦怦！怦怦！聽聽身體的祕密：打開耳朵，探索人體的構造和運
作機制／細谷亮太監修；卓文怡翻譯. -- 初版. -- 新北市：小熊出
版：遠足文化事業股份有限公司發行, 2023.07
32面；19 x 24.5公分. --（閱讀與探索）
ISBN 978-626-7224-64-9（精裝）

1.CST: 人體學 2.CST: 通俗作品 3.SHTB: 人體--3-6歲幼兒讀物

397   112006759

閱讀與探索

怦怦！怦怦！聽聽身體的祕密
打開耳朵，探索人體的構造和運作機制（附聽診器玩具＋雙面人體海報）

監修：細谷亮太｜封面繪圖：Hayashi Yumi｜內頁繪圖：Morino Kujira｜翻譯：卓文怡｜審訂：劉宗瑀（小劉醫師）

總編輯：鄭如瑤｜副總編輯：施穎芳｜責任編輯：吳宜軒｜美術設計：楊雅屏
行銷副理：塗幸儀｜行銷助理：龔乙桐
出版：小熊出版／遠足文化事業股份有限公司
發行：遠足文化事業股份有限公司（讀書共和國出版集團）
地址：231 新北市新店區民權路 108-3 號 6 樓｜電話：02-22181417｜傳真：02-86672166
劃撥帳號：19504465｜戶名：遠足文化事業股份有限公司
Facebook：小熊出版｜E-mail：littlebear@bookrep.com.tw

讀書共和國出版集團網路書店：www.bookrep.com.tw
客服專線：0800-221029｜客服信箱：service@bookrep.com.tw
團體訂購請洽業務部：02-22181417 分機 1124
法律顧問：華洋法律事務所／蘇文生律師｜印製：凱林彩印股份有限公司
初版一刷：2023 年 07 月｜定價：500 元｜ISBN：978-626-7224-64-9
書號：0BNP1058

CHŌSHINKI DE WAKARU! KARADA EHON
BY Asahi Shimbun Publications Inc. and Hosoya Ryōta
Copyright © 2022 Asahi Shimbun Publications Inc.
All rights reserved.
Original Japanese edition published by Asahi Shimbun Publications Inc., Japan
Chinese translation rights in complex characters arranged with Asahi Shimbun
Publications Inc., Japan through BARDON-Chinese Media Agency, Taipei.

小熊出版讀者回函

小熊出版官方網頁